LE DRAINAGE ÉCONOMIQUE

VOIES ET MOYENS

PROPOSÉS POUR LA

GÉNÉRALISATION DU DRAINAGE

EN FRANCE,

PAR

M. COTELLE

ANCIEN DÉPUTÉ, MEMBRE DU CONSEIL GÉNÉRAL DU LOIRET, ET L'UN DES CENSEURS
DU CRÉDIT FONCIER DE FRANCE.

PARIS

IMPRIMERIE CENTRALE DE NAPOLÉON CHAIX ET Cie

20, RUE BERGÈRE.

1856

LE DRAINAGE ÉCONOMIQUE

VOIES ET MOYENS PROPOSÉS POUR LA GÉNÉRALISATION
DU DRAINAGE EN FRANCE.

INTRODUCTION.

Tout le monde sait aujourd'hui ce que c'est que le drainage.
Les définitions, devenues historiques, qu'en ont données les
anciens et les modernes démontrent que le nom seul de cette
opération importante (drainage, traduction littérale de l'anglais *égouttement*) est moderne, et que toutes les variétés de
l'assainissement du sol par des tranchées couvertes ou des
conduites souterraines ont été connues et appliquées depuis
les temps les plus reculés.

« Si le sol est humide, dit Columelle sous le règne d'Auguste,
» il faudra faire des fossés pour le dessécher et donner de l'é-
» coulement aux eaux. On connaît deux sortes de fossés : ceux
» qui sont cachés et ceux qui sont larges et ouverts. On fera
» pour les fossés cachés des tranchées de trois pieds de profon-
» deur que l'on remplira de pierres jusqu'à la moitié, ou de
» fascines auxquelles on donnera la grosseur et la capacité du
» fond de la tranchée et qu'on disposera de manière à rem-
» plir le vide, etc., etc. »

A une époque beaucoup plus rapprochée, au xviie siècle,
le père de l'agriculture française, Olivier de Serres, écrit dans
son *Traité d'Agriculture* :

« Pour décharger les terres des eaux nuisibles, le plus
» commun remède est qu'on les vuide par fossés ouverts, prin-
» cipalement ès-plaines et lieux bas....; est nécessaire le fonds

» que vous voulez dessécher avoir pente, petite ou grande,
» sans laquelle les eaux n'en pourraient vuider. Cela présup-
» posé, un grand fossé sera fait depuis un bout du lieu jusqu'à
» l'autre, de long en long, commençant toujours par le plus
» bas endroit et par où remarquerez des sources et humidités;
» dans lequel fossé plusieurs autres, mais petits, pendans en
» plume des deux côtés, se joindront y décharger leurs eaux...
» Le grand fossé à telle cause est appelé *mère* et tous ensemble
» pieds de geline, pour la conformité qu'ils ont à la figure du
» pied de cet animal, dont les griffres tendent au tronc de la
» jambe. La profondeur des fossés, en quelque part qu'on les
» creuse, faut y aller jusqu'à quatre pieds ou environ, pour
» bien couper les racines des sources, but de ce négoce.

» Ayant le plan, raisonnable pente et estendue, à ce qu'on
» ne se déçoive, faut faire tant de fossés, en tant d'endroits,
» si longs et si amples, sans crainte d'excéder en cest endroit,
que source et fontenette aucune ne soit oubliée, afin de par-
» faitement bien dessécher le terroir par le général ramas des
eaux d'icelui. Ces fossés, grands et petits, seront à demi
» remplis de menues pierres et le demeurant achevé de com-
. bler de la terre qui en aura été tirée auparavant, dont on le
· réunira par-dessus avec le plan, si bien que la trace même
· n'y paraisse pour la commodité du labourage, etc., etc. » Et
ailleurs il ajoute : « Dont finalement le profit pour récompense
· en sort plus grand que de nulle autre réparation qu'on puisse
» faire à la terre, tant fructueuse est celle qui la despestre
» des eaux malignes, etc. »

Enfin, le drainage par des conduites en briques et en pote·
ries a été également pratiqué dans les temps les plus reculés,
comme l'attestent des fouilles faites récemment.

Mais c'est aux agronomes anglais qu'on doit les premiers
essais du drainage avec des tuyaux réguliers, et les premiers
efforts faits pour généraliser cette méthode et pour l'appli-
quer à toutes sortes de terrains.

James Smith, fermier écossais, l'appliqua en grand, en mo-
difiant le système employé jusqu'alors. Ses essais réussirent

parfaitement. Sa méthode, accueillie d'abord avec défiance, finit par vaincre la routine et les préjugés, et s'étendit peu à peu de proche en proche.

L'Angleterre, plus intéressée que tout autre pays à cette découverte, s'y appliqua particulièrement. Elle employa, dès 1810, au lieu de pierres et de fascines, des tuiles creuses faites à la main. En 1842, elle inventait des machines pour la confection de ces tuiles, qui furent remplacées l'année suivante par des tuyaux.

Aujourd'hui, l'on compte en Angleterre plus de 500,000 hectares de terres drainées, dont 129,570 hectares pour l'Irlande **seule**, régénérée par le drainage. Tous les rapports faits au parlement anglais s'accordent à constater que de nombreux fermiers ont vu doubler la valeur de leurs fermes, et que d'autres ont obtenu des accroissements de récolte qu'ils évaluent de 20 à 40 p. 100 des sommes employées à l'assainissement de leurs terres.

En *Ecosse*, les mêmes faits se reproduisent.

En *Belgique*, où l'on a drainé environ 20,000 hectares, l'heureuse influence exercée par le drainage sur la fertilité du sol est de notoriété publique, quoiqu'on ne se soit pas préoccupé de l'établir d'une manière précise. Cependant on a pu recueillir quelques faits qui démontrent que l'augmentation de production à la suite du drainage équivaut généralement à 35 p. 100 de la dépense faite, et ne descend presque jamais au-dessous de 20 p. 100.

En *Autriche*, le prince Schwartzenberg avait à peine introduit le drainage sur ses terres, que les paysans, convaincus de l'efficacité de l'opération, cherchaient à se procurer des tuyaux pour imiter l'exemple qui leur était donné. D'après le docteur ARENSTEIN, l'excédant de récolte sur les terres drainées peut être estimé à 50 p. 100 de la dépense de l'opération. Un document émané de la chambre de commerce de *Bade* l'a fixé à 34 1/2 p. 100 dans d'autres circonstances.

Examinons maintenant ce qui a été fait jusqu'à présent en France, et, après avoir établi par des chiffres incontestables les

résultats vraiment étonnants que l'on peut attendre des amé-
liorations de l'état hygrométrique du sol, nous passerons à la
discussion des voies et moyens d'exécution qui sont plus spécialement l'objet de cette note.

STATISTIQUE GÉNÉRALE DU DRAINAGE EN FRANCE.
RÉSULTATS OBTENUS JUSQU'EN 1856.

Nous extrayons ce qui suit d'un remarquable document in-
séré dans l'exposé des motifs de la nouvelle loi sur le drainage:

Neuf départements seulement de notre pays ont pu fournir
jusqu'à présent à l'administration des données exactes sur le
nombre et la nature des surfaces de terrain drainées dans
leurs limites. Le chiffre total des drainages faits dans ces
départements ne représente, au 1er janvier 1856, qu'une surface de 6,525 hectares.

Le prix moyen des drainages faits a été de 250 fr. par hectare. C'est aussi à peu près le prix moyen du drainage en Angleterre. En Belgique il a été de 201 fr. seulement.

Ain. — Dans le département de l'Ain, des travaux de drainage ont été exécutés à la ferme école impériale de la Saulsaie,
sur une superficie de 85 hectares 48 ares; et les faits suivants
ont été constatés avec un grand soin et au moyen d'une
comptabilité très-exacte.

Dans des fonds semés en blé, les terres drainées ont donné
24 hectolitres 26 litres de grain et 3.520 kilogrammes de paille
par hectare, tandis que les terres non drainées, toutes choses
égales d'ailleurs, n'ont produit que 17 hectolitres 69 litres de
grain et 2,615 kilogrammes de paille. En estimant le blé à
20 fr., et la paille à 3 fr. 50 c. les 100 kilogrammes, l'excédant
de récolte obtenu par le drainage est représenté par une
somme de 163 fr. 11 c., c'est-à-dire 36 fr. 24 c. p. 100 de la
somme dépensée, qui avait été très-élevée pour ce terrain
(449 fr. 53 c. par hectare).

Dans des terres semées en avoine, l'excédant de récolte constaté a donné 14 p. 100 du capital affecté à l'opération.

Aisne. — Dans le département de l'Aisne, on cite notamment la ferme de Charmel, appartenant à M. le Vicomte DE ROUGÉ, où, sur 300 hectares que comprend la ferme, 80 hectares ont été drainés. Le drainage y a coûté moyennement 240 fr. l'hectare. La somme des avantages obtenus au moyen du drainage, soit par l'augmentation de produits, qui est de 5 hectolitres de froment par hectare, soit par la suppression de l'inconvénient grave des blés versés sous l'influence d'une forte fumure dans un terrain humide, soit par la possibilité de produire utilement des luzernes et des racines fourragères là où cette culture était complétement impossible, soit par l'économie des frais de culture, soit enfin par la substitution des labours à plat aux labours billonnés avec rigoles d'écoulement qui font perdre une grande partie du terrain ; — la somme de ces avantages, disons-nous, n'est pas évaluée à moins de 80 à 90 fr. par hectare, année moyenne, ce qui fait qu'en moins de trois années on aura amorti le capital engagé.

Indre-et-Loire. — Dans la Touraine, et particulièrement dans le département d'*Indre-et-Loire*, l'assainissement des terres par le moyen du drainage commence à peine à se faire jour, et déjà l'on constate que l'augmentation des produits peut être estimée de 25 à 50 p. 100.

Moselle. — La Moselle a maintenant franchi les premières difficultés, et les efforts intelligents de quelques propriétaires cultivateurs se traduisent par des excédants dans le rendement des récoltes, que l'ingénieur en chef du département estime à 10 p. 100 pour les prairies, 16 p. 100 pour les pommes de terre, 21 p. 100 pour le froment, 32 p. 100 pour les betteraves.

Calvados. — En Normandie. le Calvados ne compte pas moins de cent propriétaires qui, depuis deux ans, ont appliqué sur leurs terres les nouvelles méthodes de desséchement dans les six arrondissements qui composent le département. Dans les terres humides et détrempées par le séjour des eaux, le chiffre de la production a quelquefois doublé. Le drainage des prairies a toujours et partout entraîné pour conséquence la disparition plus ou moins rapide des plantes aquatiques, l'amélioration de la qualité des herbages, et l'accroissement du rendement en foin. Le chiffre moyen de l'augmentation de produits due au drainage est évalué par le préfet de 15 à 40 p. 100 pour l'ensemble des opérations.

Pas-de-Calais. — Nord (1). — *Loire. — Haute-Marne.* — Dans le *Pas-de-Calais,* qui est un des premiers qui aient fait du drainage; dans le *Nord,* où il a du développement; dans la *Loire,* où il fait chaque année d'assez notables progrès; enfin dans la *Haute-Marne,* on ne donne pas de chiffres, mais on déclare que le succès est complet.

Seine. — Seine-et-Oise. — Dans le département de l'Oise, on accuse une augmentation de revenu de 70 p. 100. Dans Seine-et-Oise, on signale un accroissement de récoltes considérable sur toutes les propriétés où on a pris soin de le constater régulièrement : pour les blés, il est de 50 p. 100 ; pour les prairies, les produits ont doublé.

Gironde. — Dans la Gironde, M. le Comte DUCHATEL a fait drainer 80 hectares de vignes en quatre ans, à Lagrange. Les résultats obtenus ont été énormes. Le drainage a coûté en moyenne 275 fr. par hectare ; en une seule année, la plus-value des récoltes a couvert cette dépense, indépendamment d'avantages accessoires dont il n'a pas été tenu compte. M. l'ingénieur en chef NADAULT DE BUFFON, qui a signalé ce fait dans un rapport fort étendu, ajoute : « Ce n'est point une opinion que » nous émettons, c'est un fait constaté par suite d'une compta- » bilité régulière, et devenu d'ailleurs de notoriété publique » dans le pays. »

Dans le même département, on cite une autre propriété, celle de M. le Marquis DE BRYAS, où une terre de 6 hectares,

---

(1) En 1853, deux fermes contiguës, d'une contenance totale d'environ 95 hectares, étaient louées, avant le drainage, à raison de 37 fr. l'hectare en moyenne. L'une d'elles est louée actuellement 90 fr. l'hectare, et il est de notoriété publique que le fermier fait une excellente affaire. Le produit moyen par hectare, en 1855, a été de 23 hectolitres de froment, et 37 hectolitres d'avoine.

Ed. VIAXXE.

qui ne produisait en moyenne que 60 hectolitres, a donné 208 hectolitres en 1854, après avoir été drainée.

Seine-et-Marne. — Mais, de tous, le département de Seine-et-Marne est, sans contredit, celui où les conditions particulières du sol, la richesse de la culture et l'abondance des capitaux ont amené l'extension la plus rapide du drainage. Fermiers et propriétaires rivalisent de zèle dans l'exécution des travaux, et l'étendue de la surface assainie dans ce département s'élevait, au 1er janvier, à 3,554 hectares.

Encouragés par l'exemple d'un de leurs confrères qui n'a pas craint de consacrer une somme de 30,000 fr. au drainage des terres qu'il exploite, les fermiers de la Brie sont entrés résolûment dans la même voie, et beaucoup de propriétaires se sont empressés d'offrir leur concours à leurs fermiers, en stipulant un intérêt de 4 ou 5 p. 100 de leurs avances. On compte dans le département plusieurs drainages de 150 à 200 hectares déjà exécutés; d'autres sont en voie de réalisation.

Des évaluations fournies par un des cultivateurs les plus distingués de la Brie portent à près de 1,000 fr. les avantages qui résultent pour lui de la possibilité de labourer en toute saison et d'ensemencer en temps opportun. La suppression de la jachère a été sur sa ferme, d'une étendue de 200 hectares, dont 158 soumis au drainage, la conséquence immédiate du desséchement des terres, et, la perfection des labours aidant (1), on a pu constater sur le rendement des cultures en grains une augmentation de 25 à 30 p. 100.

Quant aux prairies artificielles, la récolte dans les trois premières années a présenté chaque année une augmentation de 50 p. 100 à la première coupe.

---

(1) Il ne faut jamais perdre de vue, en effet, que le drainage seul n'est qu'une première opération, un travail préparatoire indispensable.

Le drainage sans labours, sans assolements et sans engrais subséquents, ne serait qu'un cadre sans tableau, et ne pourrait jamais produire qu'une partie de ses résultats utiles.

La question du mode de fermage qui doit succéder à l'amélioration du sol mérite au plus haut degré de fixer l'attention des cultivateurs propriétaires.

C. A. OPPERMANN.

Il faut ajouter que, dans la volumineuse correspondance des préfets provoquée par une circulaire récente de M. le Ministre de l'Agriculture et du Commerce, qui les avait interrogés sur les effets du drainage dans leur département, ainsi que dans les divers rapports d'ingénieurs et d'inspecteurs généraux de l'agriculture, joints au dossier, on ne cite pas un fait contraire aux résultats qui viennent d'être exposés.

Deux ou trois préfets expriment, au nom de leurs administrés, quelques doutes sur la durée des effets du drainage, mais des doutes théoriques qui ne sont basés sur aucune observation. Un seul rapport, celui d'un inspecteur général de l'agriculture, signale des cas de non-réussite, mais en ajoutant qu'ils sont causés par l'impéritie ou l'inexpérience de ceux qui ont fait exécuter les travaux. On signale généralement comme obstacles principaux au développement du drainage la rareté des contre-maîtres et des ouvriers draineurs en état de diriger les travaux, la cherté des tuyaux qu'il faut aller chercher à de trop grandes distances, enfin et surtout le défaut de spécimens de drainage placés à la portée des petits cultivateurs et pouvant leur servir d'exemples et de modèles; mais il y a unanimité parmi les préfets pour déclarer que partout les résultats ont dépassé l'attente et ont paru merveilleux à tous ceux qui ont pu les observer.

En résumé, bien qu'aucune statistique régulière et complète des terrains à drainer en France n'ait encore été faite, les données que le ministère de l'agriculture possède sur ce sujet, et qu'il a puisées dans les rapports des préfets, des ingénieurs des ponts et chaussées et des mines, des inspecteurs généraux de l'agriculture et des chambres consultatives de l'agriculture, permettent à l'administration d'évaluer approximativement de 10 à 11 millions d'hectares les surfaces susceptibles d'être drainées avec avantage, lesquelles se subdiviseraient ainsi:

6,500,000 à 7,000,000 en terres employées à la culture des céréales ;

2,000,000 en prairies;

1,500,000 en terrains marécageux;

400,000 à 500,000 en terrains incultes.

En supposant seulement 5 millions d'hectares à drainer en France, et en supposant également le prix moyen du drainage réduit, comme en Belgique, à 200 fr. au lieu de 250 fr., prix actuel dans notre pays, on peut conclure de ces chiffres que le drainage assure à nos campagnes, au minimum, pour un milliard de travaux dans un avenir peu éloigné, et que l'augmentation de produits correspondante à cette dépense sera d'au moins 250 à 300 millions de francs par an.

VOIES ET MOYENS D'EXÉCUTION.

En présence de ces chiffres qui résument de la manière la plus saisissante le présent et l'avenir du drainage en France, — d'une part, 6,525 hectares de terres drainées aujourd'hui, et 10 à 11 millions d'hectares à drainer encore, — d'autre part, un capital de 1,800,000 fr. environ engagé jusqu'à présent, et un capital de 1 milliard à consacrer au drainage jusqu'à ce que tous les résultats désirables soient obtenus, on ne peut que se poser deux questions: Comment trouvera-t-on, dans le plus bref délai possible, le crédit nécessaire pour réaliser ces immenses travaux? Comment fera-t-on pour diminuer le plus possible le prix du drainage par hectare, afin que l'application du procédé sur une aussi vaste échelle devienne réellement possible en France?

En Angleterre, où la question des subsistances, plus pressante que chez nous, au moins jusqu'à ces dernières années, a conduit de meilleure heure les particuliers et le gouvernement à rechercher les moyens les plus énergiques d'augmenter en peu de temps la production du territoire cultivable, le gouvernement s'est fait le soutien direct des propriétaires par des prêts successifs, à intérêt réduit, qui sont représentés aujourd'hui par un total de plus de 180 millions de fr., prêtés à 3 0/0, avec amortissement du capital en 22 ans, par annuités.

Or, tel a été le succès des travaux exécutés au moyen de ces prêts, que les remboursements se sont effectués, dans la majorité des cas en huit ans, et que M. Dumas a pu dire en 1854, dans son rapport au Sénat, que cette grande opération n'avait donné lieu qu'à un seul procès et à six arbitrages, et qu'il n'y avait eu que quatre exemples de poursuites pour le remboursement des annuités.

Le drainage, qui, comme on le voit, a reçu chez nos voisins un si grand et si fertile développement, s'est introduit en France il y a quelques années seulement. Pratiqué dans les départements du Nord avec un égal succès, il a gagné de proche en proche, et bientôt des hommes éminents l'ont expérimenté dans le midi de la France, où l'on appréhendait qu'il n'eût aucun résultat. Parmi ces hommes éminents, l'un d'eux surtout, M. le Marquis DE BRYAS, agronome distingué, est venu donner un démenti complet aux craintes qu'on avait soulevées. Il a fait drainer un vaste domaine situé dans les environs de Bordeaux, avec un succès inespéré. Qu'il suffise de répéter que 6 hectares de terre, entre autres, qui rapportaient 60 hectolitres, en ont produit 208 ; que des marais affermés 60 à 70 fr., rapportent aujourd'hui 150 fr. l'hectare. M. le Marquis DE BRYAS a développé un zèle infatigable dans l'œuvre qu'il poursuivait ; il s'est fait le propagateur, l'apôtre du drainage à l'exposition universelle de 1855 ; il s'est livré à des expériences, à des démonstrations, à des preuves qui ont convaincu les plus sceptiques et qui lui ont valu la croix d'officier de la Légion d'honneur.

Jusque-là le gouvernement n'était entré que timidement dans ce mouvement agricole. Il s'est borné à quelques encouragements ; un crédit de 100,000 fr. a été voté en 1853 ; en 1854, une loi a été rendue pour le libre écoulement des eaux du drainage. Depuis lors, les préoccupations de la guerre ne lui ont pas permis sans doute de donner à l'agriculture toute l'attention qu'elle comporte. Mais enfin, grâce au rétablissement de la paix, frappé aussi de ces disettes qui se succèdent depuis trois ans, des misères qu'elles entraînent, de l'exportation du numéraire pour se procurer à l'étranger le blé que la France ne produit plus qu'avec insuffisance, le gouvernement veut enfin

entrer largement dans la distribution des secours dont l'agri
culture a si grand besoin, et il vient de formuler une loi qui
lui permet de prêter 100 millions de francs pour développer
le drainage. Cette grande question est donc arrivée à l'état
d'institution; le drainage est dans tous les esprits : il faut pas-
ser de la théorie à la pratique.

Nous avons longtemps et souvent médité sur cette grande
question, qui est toute une révolution dans l'économie agricole.
Nous avons lu avec intérêt à peu près tout ce qui a été écrit
en France à ce sujet ; mais nous nous sommes toujours arrêté
devant un problème capital qu'il s'agissait de résoudre avant
tout : *le prix de revient*. Dans tout ce que nous avons lu, on
parle de 250, de 300, même de 350 fr. par hectare. Nous
en avons tristement conclu : Non, le drainage en grand
n'est pas possible à ces conditions dans la majeure partie
du pays. Que les Anglais, que les Belges, que les habitants
du Nord, dans des terres d'une valeur de 3,000, 4,000, 5,000
et 6,000 fr. l'hectare, affectent 300 fr. à l'amélioration de
ces terres, ce n'est, après tout, qu'un 10ᵉ ou un 15ᵉ de la
valeur du sol dont on le grève ; mais dans des terres qui ne
valent que 1,000, que 800, que 600 fr. même (et il y en a
dans cette dernière catégorie qui, drainées, vaudront le double), personne n'osera, ne voudra dépenser 300 fr. ; ce qui
représenterait 30, 40 et 50 p. 100 de la valeur actuelle. Il
faut d'ailleurs que l'intérêt réponde à la mise de fonds ; or,
s'il est incontestable que le cultivateur propriétaire doit doubler ses produits en dépensant moitié moins, on ne peut es-
pérer que de longtemps un cultivateur fermier veuille subir
une augmentation de fermage proportionnelle au capital dé-
boursé. Ce fermier voudra moins encore entreprendre cette
amélioration à ses frais, risques et périls, car, fermier pour un
temps limité, il ne peut raisonnablement entreprendre une œuvre dispendieuse dont, quelques années après, le propriétaire
voudra profiter en augmentant le prix de fermage en raison du
produit de la terre, sans tenir compte des causes de cette amélioration. Le propriétaire ne voudra pas davantage drainer le

domaine affermé, parce que, comme nous l'avons dit, le fermier ne voudra pas subir une augmentation immédiate du fermage. Il préférera le *statu quo* et achever la durée de son bail, à moins qu'il ne soit frappé des avantages opérés sur la terre de son voisin. La routine deviendra l'obstacle le plus grand à l'amélioration du sol, tant que le drainage sera aussi dispendieux (1). Il faudrait donc s'attacher de la manière la plus énergique à en réduire les frais le plus possible.

Or le dernier mot de la science n'a pas été dit à ce sujet. Le problème, à nos yeux, est celui-ci : drainer bien, mais le plus économiquement possible.

Il y a, nous l'avons vu, trois manières de drainer. La plus simple est, sans contredit, le fascinage; la seconde est appelée le pierré ; la troisième enfin, est le drainage à tuyaux cylindriques.

Dans la première hypothèse, les calculs basés sur l'expérience des faits connus établissent qu'on peut drainer un hectare avec fascinage moyennant 150 fr. au plus, et que ce même hectare en pierré reviendra à 160 ou 170 fr., selon que la pierre sera plus ou moins à proximité. Mais ces deux modes nous semblent avoir des inconvénients qui ont été reconnus, puisqu'on y a renoncé dans les pays où, depuis des siècles, on les pratiquait. Le troisième doit avoir la préférence. Cela ne veut pas dire cependant que les deux premiers soient absolument mauvais ou insuffisants. Mieux vaut encore y recourir que de laisser les champs dans l'état déplorable où ils sont, et nous connaissons des propriétaires qui s'applaudissent chaque jour de les avoir appliqués.

Mais revenons au drainage rationnel, et voyons si l'on peut ou non diminuer sensiblement les frais. Eh bien, nous sommes

---

(1) Et pourtant, tels sont les avantages incontestables à retirer de l'amélioration du sol produit par le retrait des eaux surabondantes, que beaucoup de fermiers, après des spécimens de drainage faits malgré eux dans leurs terres, consentent à payer 5 et même 6 p. 100 des dépenses à faire, et se chargent généralement du transport des tuyaux. — ED. VIANNE.

heureux de pouvoir dire, de pouvoir affirmer qu'on peut drainer à moins de 250 fr. par hectare (1). Nous pouvons certifier que pour 200 fr., et même pour moins encore si les circonstances sont favorables, on peut arriver à drainer tout terrain qui ne présente pas des difficultés exceptionnelles, telles qu'un défrichement préalable, un terrain rocheux ou un terrain privé d'évacuation, car c'est là encore une circonstance capitale nécessaire au succès de l'entreprise. En drainant il faut que les eaux aient un libre cours, et il peut arriver que les travaux à exécuter viennent augmenter les frais du drainage proprement dit. A ce prix de 200 fr. l'hectare, quel est le propriétaire qui se refusera à faire l'expérience? Cette expérience, pratiquée dans un certain nombre de localités, constituera autant de spécimens qui frapperont les esprits les plus rebelles. Quand on aura comparé les produits du champ drainé à ceux de la terre voisine non drainée; quand celle-ci rendra 12 à 13 hectolitres, tandis que la première en aura rendu 18 ou 20; quand l'économie des frais de culture, la facilité des labours en toute saison là où l'on est souvent forcé d'y renoncer; quand enfin tout cela sera démontré, nous le demandons de bonne foi, qui pourra se refuser à l'évidence et renoncer à une amélioration aussi certaine? Mais, nous répondra-t-on, encore faut-il avoir le capital nécessaire pour entreprendre ces grands travaux. A cette objection nous répondrons : L'État vient au-devant de la demande. 100 millions vont être prêtés à un intérêt modéré, à 4 p. 100, avec vingt-cinq ans de terme pour rembourser les prêts au moyen d'annuités. Si, ce que Dieu veuille, ces 100 millions sont insuffisants, l'État, croyons-le bien, doublera, triplera le capital à prêter; car l'État comprend bien qu'il ne peut faire un meilleur placement, puisque, au point de vue politique, il améliore la condition de l'homme,

---

(1) Nous nous occupons en ce moment même de faire les expériences de deux machines nouvelles, d'une application essentiellement commode et économique, dont l'une sera destinée à faire les tranchées de drainage à 30 p. 100 au-dessous du prix de la confection à la main, et dont l'autre fera les tuyaux à un prix de revient beaucoup moindre que celui actuel. — C.-A. Oppermann.

et qu'au point de vue financier il double la valeur des terres, augmente par conséquent la matière imposable, et trouve, par les droits d'enregistrement, de mutations, une augmentation considérable à son budget des recettes. L'État donc a trop l'intelligence des besoins de l'agriculture et des bienfaits qui lui sont dus pour s'arrêter dans le progrès où il est entré.

Mais, à côté des fonds de l'État, n'y a-t-il pas place pour des capitaux privés? Ne peut-il se former des associations de propriétaires et de capitalistes qui viennent aussi donner leur concours à l'amélioration agricole?

Quelque respectable que soit l'industrie, l'agriculture mérite aussi, et au premier chef, que les capitaux privés lui viennent en aide. Sans entrer ici dans le détail des combinaisons financières, qu'il nous suffise de dire que les capitalistes trouveront à la fois, dans ce mode de placement, des avantages importants et une sécurité complète.

Pour parvenir à la réalisation de ce projet en prenant pour base les perfectionnements les plus rationnels des méthodes de drainage et les moyens les plus efficaces d'en diminuer le prix de revient, nous nous sommes mis en rapport avec deux hommes distingués par leur mérite et leur expérience, M. OPPERMANN, *ingénieur des ponts et chaussées*, auteur breveté de machines et d'appareils spécialement destinés à rendre le drainage plus économique, et M. VIANNE, ingénieur spécial pour le drainage et les irrigations, qui, jusqu'à ce jour, a drainé plus de 2,500 hectares dans 18 départements différents, et partout avec un égal succès.

Grâce à leur concours, qui ne nous fera pas défaut, grâce aussi aux propriétaires et aux capitalistes auxquels nous nous proposons de faire appel, nous avons la confiance que bientôt nous pourrons annoncer la constitution d'une société qui sera appelée à donner au drainage tout le développement dont il est susceptible, et à rendre d'immenses services à l'agriculture.

COTELLE,

Ancien député, membre du conseil général du Loiret,
l'un des censeurs du Crédit foncier de France.

OUVRAGES A CONSULTER

POUR TOUTES LES QUESTIONS RELATIVES AU DRAINAGE.

Le Draineur, publication mensuelle, dirigée par M. Ed. Vianne, ingénieur spécial pour le Drainage, les Irrigations, les Constructions rurales et les Cultures perfectionnées.

Journal d'agriculture pratique, fondé en 1837 par M. le Dr Bixio, et publié par les rédacteurs de la *Maison rustique*, sous la direction de M. Barral, ancien élève et répétiteur de chimie de l'Ecole polytechnique.

Drainage des terres arables; par M. Barral, directeur du *Journal d'agriculture pratique*. Seconde édition, avec 500 gravures et 8 planches. 3 vol. in-12 (librairie agricole). Prix, 4 fr. 50.

Manuel du drainage; par M. Barral (librairie agricole).

Traité pratique du drainage, essai théorique et pratique sur l'assainissement des terres humides; par M. Leclerc, ingénieur des ponts et chaussées, chef du service du drainage en Belgique. 1 vol. in-12 de 354 pages et 127 gravures, 3 fr. 50 c., à la librairie agricole, 26, rue Jacob.

Manuel pratique du drainage, faisant partie de la bibliothèque rurale instituée par le gouvernement belge, petit in-8° de 84 pages, avec quelques figures intercalées; par H. Stephens, ingénieur anglais, traduit par Fréd. d'Omalius, et suivi d'une notice sur le drainage, par M. J. Leclerc. Bruxelles, 1852, chez Stapleaux, 51, rue de la Montagne. Prix, 1 fr. 75 c.

Guide du draineur; par M. A. Faure.

Drainage de 110 hectares à 1^m,40 de profondeur; par M. Frédéric Jacquemart (extrait du *Journal d'agriculture pratique*).

Exposé des travaux de drainage et de desséchement exécuté par M. Ch. de Bryas dans sa propriété du Taillan (chez Bachelier, 55, quai des Augustins).

Plan du drainage de Crève-Cœur; par Linon d'Airolles. Prix, 6 fr.

De l'assainissement des terres et du drainage; par M. Naville. In-12 de 84 pages et 13 gravures (librairie agricole). Prix, 1 fr. 75 c.

Desséchement et assainissement des terres; par M. Thackeray. In-8° de 32 pages (librairie agricole). Prix, 1 fr.

Philosophie et art du drainage; par M. Thackeray. In-8° de 96 pages. Prix, 2 fr. 50 c.

Le Drainage et l'Irrigation; par M. Midy. In-8° de 25 pages. Prix, 1 fr.

Manuel populaire du drainage; par M. A. Vitard, agent voyer à Beauvais. 1 vol. in-8° de 134 pages et 3 planches. Prix, 2 fr. 50 c.

Le Drainage rendu facile et économique. — Traité de la fabrication des tuyaux de drainage; par MM. Virebent frères. In-8° de 40 pages et 3 planches (librairie agricole). Prix, 1 fr. 25 c.

Moyen d'obtenir du drainage tout son effet utile; par M. C. Nivière. In-12 de 36 pages. Prix, 1 fr. 25 c.

Notions sur l'exécution des travaux de drainage; par M. S. Dubois, ingénieur draineur. In-4° de 16 pages. Prix, 35 c.

Traité pratique de drainage, à l'usage des personnes qui veulent entreprendre ou diriger des travaux dans les prés et les herbages; par M. A. d'Angleville. In-8° de 36 pages et 1 planche. Prix, 1 fr.

Etudes sur le drainage; par M. Hervé-Mangon (chez V^er Dalmont, 49, quai des Augustins).

Instructions pratiques sur le drainage, réunies par ordre du ministre de l'agriculture; par M. Hervé-Mangon, ingénieur. 1 vol. in-12 de 216 pages et 105 gravures. Prix, 1 fr.

Nouvelles Annales de la construction, dirigées par C. A. Oppermann, ingénieur des ponts et chaussées, *année 1856, livraisons de juillet, août, etc.*

Portefeuille économique des machines, de l'outillage et du matériel de la construction et de l'agriculture, dirigé par C. A. Oppermann, ingénieur des ponts et chaussées, *année 1856, livraisons de février, de juin, etc.*

PARIS. — IMPRIMERIE CENTRALE DE NAPOLÉON CHAIX ET Cie, RUE BERGÈRE, 20. — 8662